直升机来了！

〔日〕小轮濑护安◎著　　姜　微◎译

早上，牵引车从机库里把直升机拖了出来。

北京科学技术出版社
100 层 童 书 馆

机库

直升机机位

直升机机场灯标

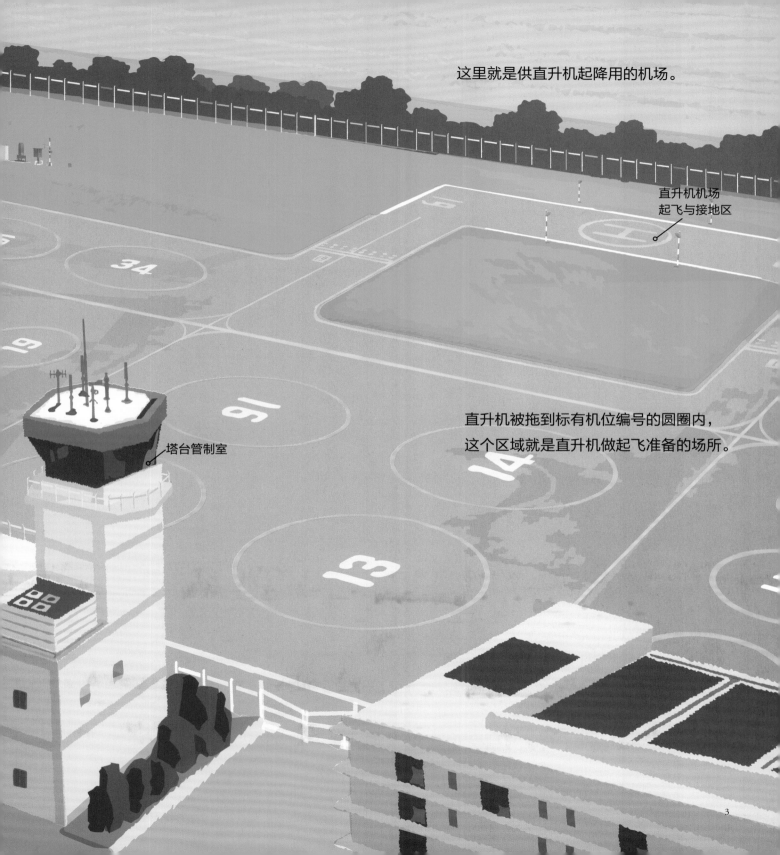

这里就是供直升机起降用的机场。

直升机机场
起飞与接地区

塔台管制室

直升机被拖到标有机位编号的圆圈内，
这个区域就是直升机做起飞准备的场所。

3

机械师在直升机周围巡视，
检查直升机是否有需要维修的地方。

在他旁边，另外一架直升机正从机库里被拖拽出来。

电源车给直升机通上电后，
直升机飞行员启动了发动机。

嗒嗒嗒嗒！

直升机顶部的主旋翼转动了起来。

牵引车

电源车

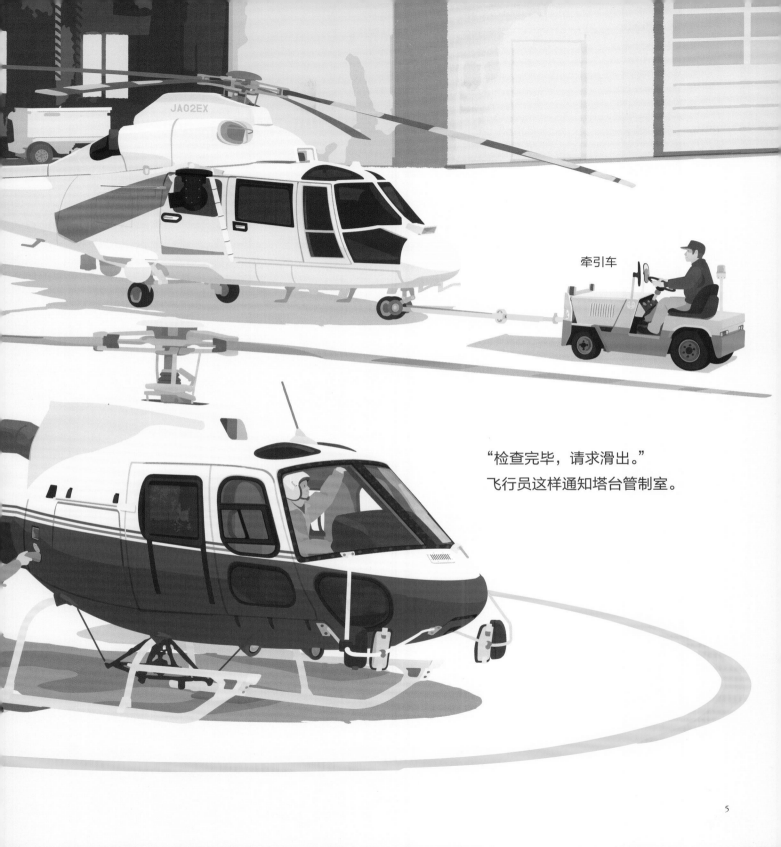

牵引车

"检查完毕，请求滑出。"
飞行员这样通知塔台管制室。

为了确保直升机安全起飞，
塔台管制室的管制员
发出各项指令。

管制员确认航道以及直升机机场
起飞与接地区没有问题后，
对飞行员发出指令：
"可以滑出。请滑行到起飞与接地区。"

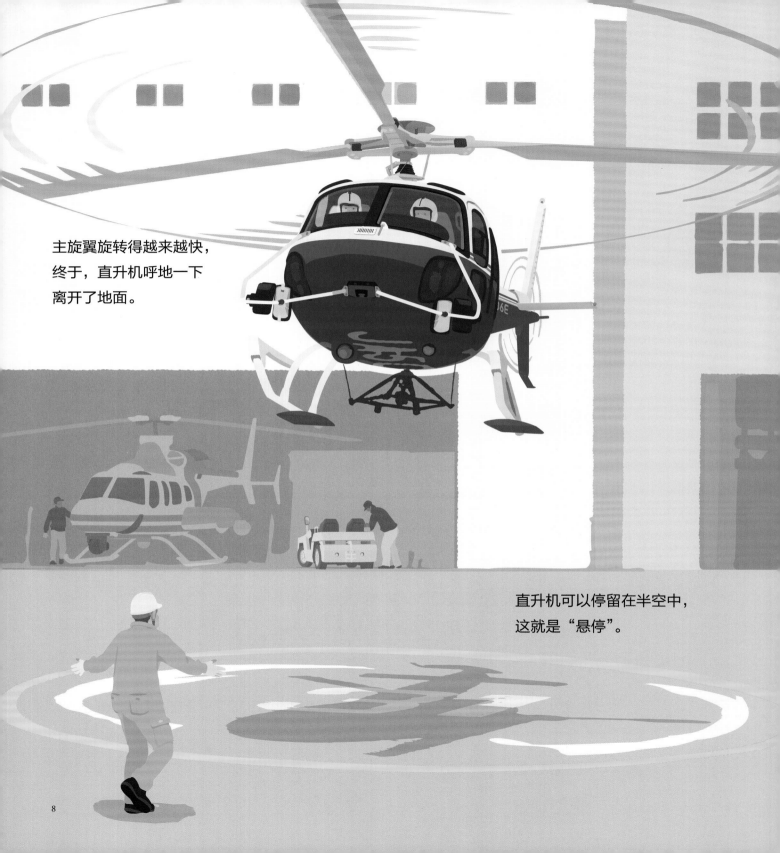

主旋翼旋转得越来越快，
终于，直升机呼地一下
离开了地面。

直升机可以停留在半空中，
这就是"悬停"。

直升机向起飞与接地区缓缓滑行。

磁罗盘

外吊挂镜子

脚蹬

嗒嗒嗒嗒！

因为主旋翼旋转产生的噪声太大，
坐在直升机里的人基本上听不到
别人说话的声音。

旋翼刹车

空速表

地平仪

气压式高度表

陀螺半罗盘

驾驶杆

总距杆

"请求起飞。"
飞行员对着头盔上的麦克风报告后，
管制员回答道：
"可以起飞。"

11

嗒嗒嗒嗒⋯⋯

直升机到达起飞与接地区后，
提高了主旋翼速度，
一下子飞了起来。
"起飞！"

13

直升机渐渐升高。

往下看，机场越来越小。
直升机与普通飞机不同，
它在很短的跑道上就能起飞。

直升机来到山脚下的小型机场。
很多人正在搬运货物。

直升机要把货物运到山顶。

直升机在货物上空悬停,
地面的工作人员把货物挂到
悬垂在直升机下方的缆绳的钩子上。

然后,他们对着直升机做出手势,
直升机提着货物缓缓上升。
又大又沉的货物升到了空中。

直升机向山顶小屋进发。
遇到强风的话，悬挂的货物会摆来摆去，
影响直升机的飞行方向。
但是，飞行员可以调整飞行的方向和高度，
所以就算遇到强风直升机也能飞行。

到达山顶小屋上空后，
飞行员一边通过外吊挂镜子
观察地面的情况，
一边缓缓降下货物。

直升机离开的时候，
带走了山顶小屋的垃圾，
它会把垃圾带到山脚下的机场。

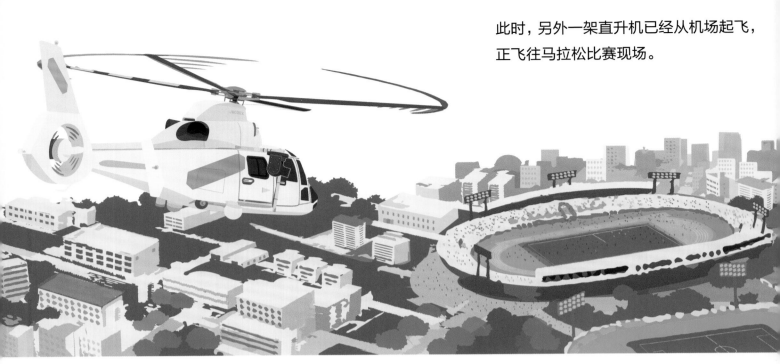

此时，另外一架直升机已经从机场起飞，正飞往马拉松比赛现场。

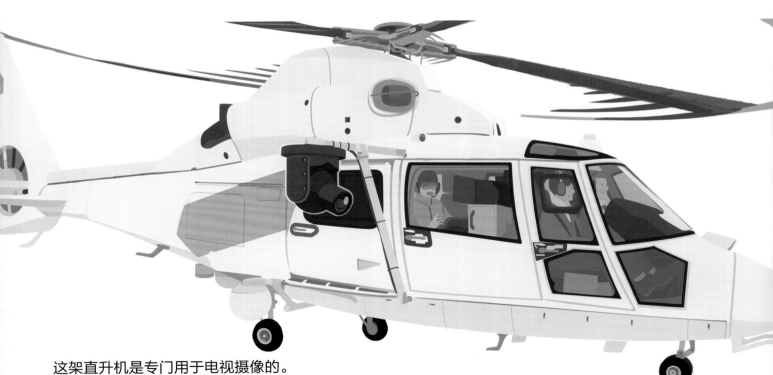

这架直升机是专门用于电视摄像的。
它的侧面装有摄像头，可以对地面情况进行摄像。

电视摄像直升机可以根据
马拉松选手的速度，
慢慢地飞行。

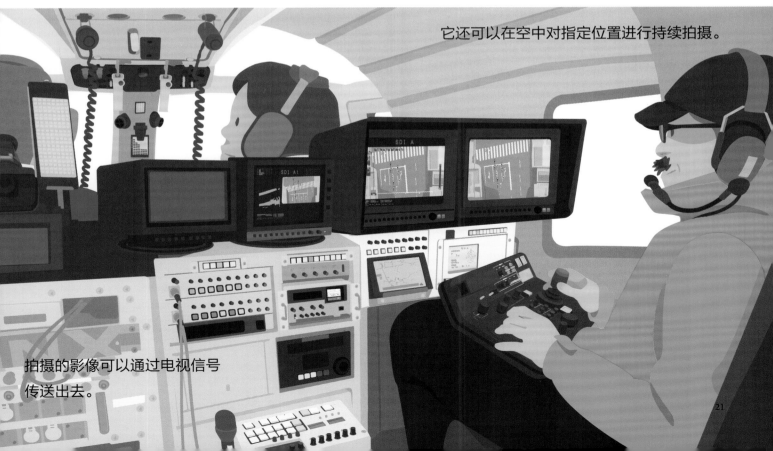

它还可以在空中对指定位置进行持续拍摄。

拍摄的影像可以通过电视信号
传送出去。

这时，机场响起了"哔！哔！"的火警铃声。
"消防员出动！"
消防员立即登上直升机。

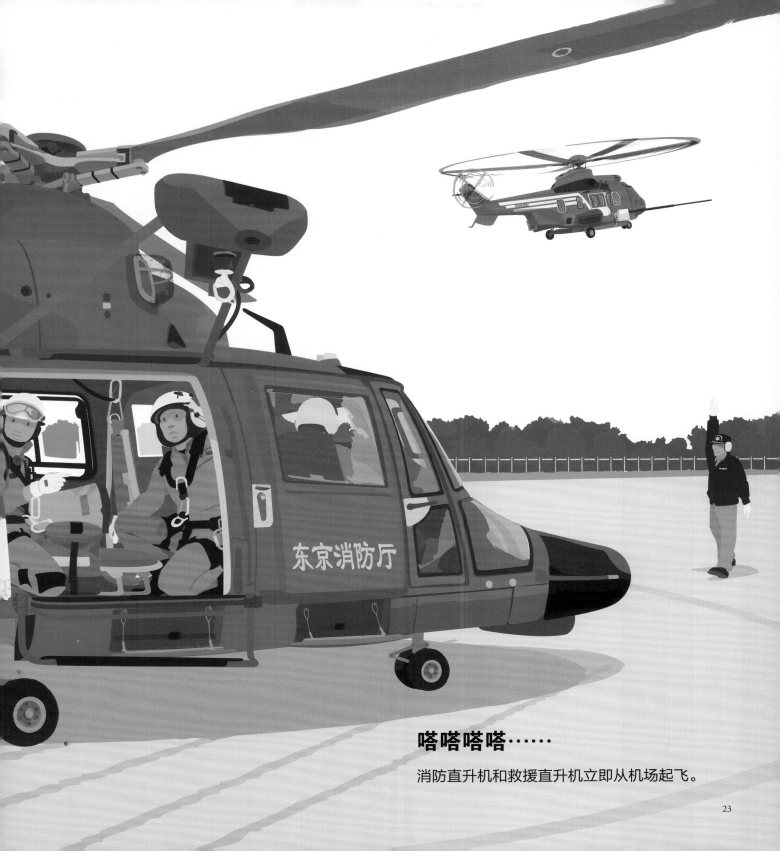

嗒嗒嗒嗒……

消防直升机和救援直升机立即从机场起飞。

直升机来到火灾现场。

原来是一座高楼发生了火灾。

消防直升机用消防水炮向大楼着火点喷水。

大楼的屋顶平台上还有人在等待救援。
救援直升机装有缆绳。
消防员把自己吊挂在缆绳上。

救援直升机避开火焰和烟尘，
悬停在空中，把消防员放下去。

警用直升机和电视摄像直升机也来了。
消防员降落到大楼的屋顶平台上。

消防员把救生吊带套到被困人员身上，
然后抱着他，向直升机做手势。
看到消防员的手势后，飞行员缓缓收起缆绳，
两人被吊了上去。
施救成功。

27

傍晚，直升机都要返回机场。
它们按照灯光指示降落到地面，
加好燃料后，被拖入机库。
它们等待着明天再次出发。